구름관찰자를 위한 그림책

Cloudspotting for Beginners
by Gavin Pretor-Pinney & William Grill

Text copyright © Gavin Pretor-Pinney, 2024
Illustrations copyright © William Grill, 2024
First published as CLOUDSPOTTING FOR BEGINNERS in 2024 by Particular Books,
an imprint of Penguin Press. Penguin Press is part of the Penguin Random House group of companies.
Designed by Matthew Watson Young

Korean translation copyright © 2024 by Gimm-Young Publishers, Inc.
Korean translation rights arranged with PENGUIN RANDOM HOUSE UK through EYA co., Ltd.

이 책의 한국어판 저작권은 (주)이와이에이를 통한 저작권사와의 독점 계약으로 김영사에 있습니다.
저작권법에 의해 한국 내에서 보호를 받는 저작물이므로 무단전재와 무단복제를 금합니다.

구름관찰자를 위한 그림책

1판 1쇄 발행 2024. 8. 6.
1판 4쇄 발행 2025. 5. 19.

글 개빈 프레터피니
그림 윌리엄 그릴
옮긴이 김성훈

발행인 박강휘
편집 이예림 디자인 윤석진 마케팅 고은미 홍보 박은경
발행처 김영사
등록 1979년 5월 17일(제406-2003-036호)
주소 경기도 파주시 문발로 197(문발동) 우편번호 10881
전화 마케팅부 031)955-3100, 편집부 031)955-3200 | 팩스 031)955-3111

값은 뒤표지에 있습니다.
ISBN 978-89-349-3392-2 03450

홈페이지 www.gimmyoung.com   블로그 blog.naver.com/gybook
인스타그램 instagram.com/gimmyoung   이메일 bestbook@gimmyoung.com

좋은 독자가 좋은 책을 만듭니다.
김영사는 독자 여러분의 의견에 항상 귀 기울이고 있습니다.

구름관찰자를 위한 그림책

개빈 프레터피니 글

윌리엄 그릴 그림

김성훈 옮김

김영사

구름이 태어나는 순간을 지켜본 적이 있나요?

파란 하늘에 솜털 같은 구름 몇 조각만 떠 있는 맑은 날을 골라보세요.
그리고 아주 희미한 구름 조각이 나타나기 시작한 곳을 찾아보세요.
처음에는 구름의 끝부분이 만들어지는 것처럼 보일 거예요.

차츰 그 작고 하얀 얼룩 같은 것이 눈부시게 하얗고 밝은 덩어리로 커질 거예요.
바로 구름이 탄생하고 있는 모습이랍니다!

열 가지 주요 구름 중 당신의 구름이 어디에 해당하는지
곧 알아볼 수 있을 거예요. 각각의 구름은 자기만의 특별함이 있죠.
하늘에서 각자 머물기 좋아하는 위치도 따로 있습니다.
멋진 라틴어 또는 한자어 이름도 갖고 있죠.

이제 당신의 구름은 자라서 뭐가 될까요?

열 가지 주요 구름

상층구름(상층운)

새털구름(권운)

털층구름(권층운)

털쌘구름(권적운)

중층구름(중층운)

높층구름(고층운)

하층구름(하층운)

비층구름(난층운)

층쌘구름(층적운)

층구름(층운)

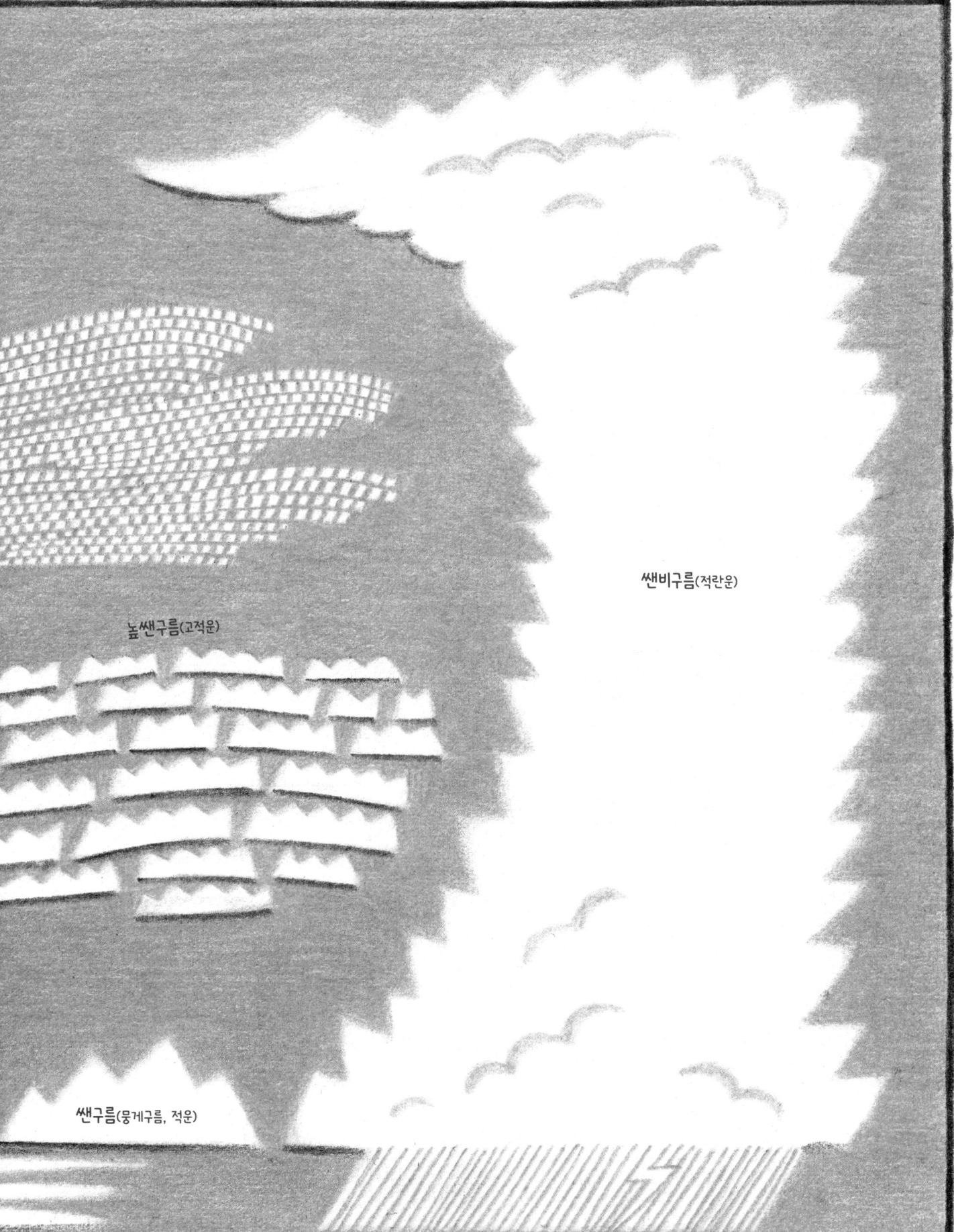

쌘구름은 아주 태평스러운 구름이에요.
햇살 좋은 날이면 따듯하게 데워진 땅 위로
눈에 보이지 않는 공기 기둥이 솟아올라요.
쌘구름은 그 공기 기둥 위에 만들어지는 낮은 구름이죠.
이 구름은 밑면이 펑퍼짐하고, 가장자리가 뚜렷해요.
위쪽으로는 콜리플라워처럼 볼록볼록 솟은 부분이 있답니다.

쌘구름이 싫은 사람은 없을 거예요.

층쌘구름은 세상에서 가장 흔한 구름이에요. 넓은 바다 위에 만들어지기 때문이죠. 이 구름을 땅에서 바라보면 낮게 깔린 투박한 구름층이 마치 흰색과 회색의 천을 덧댄 허접한 누더기처럼 보일 때가 많습니다. 하지만 비행기에서 창밖으로 내려다보면 완만한 구름 언덕과 계곡이 이어진, 상상 속 멋진 풍경이 펼쳐지죠.

층구름은 덮고 자고 싶을 만큼 낮게 깔린 구름 담요예요.

밝은 회색의 매끄러운 구름층이고, 언덕이나 고층 건물의 꼭대기를 흐릿하게 가릴 때도 많죠.

바다에서 흘러들어올 때도 있어요.

우리를 찾아 몸소 땅까지 내려오는 구름은 층구름밖에 없어요. 이런 구름을 우리는 '안개'라고 부르죠.

높쌘구름은 중층구름이에요. 하층구름보다는 높고, 상층구름보다는 낮죠.
이 구름은 수많은 작은 구름 덩어리들로 정렬된 경우가 많아요.
높쌘구름은 이 구름 덩어리들을 질서정연하게 구성해서 하늘 전체를 뒤덮는 것을 좋아하죠.
깔끔하게 정돈하는 것을 좋아하는 구름이에요.

높층구름은 조금 따분한 구름이죠. 기분 나쁘게 들었다면 미안하지만
솔직히 별 특성도 없이 그냥 하늘만 뒤덮고 있으니 달리 표현할 방법이 없어요.
높층구름이 하는 일 중 그나마 재미있는 게 고작 이슬비를 내리는 것 정도니까요.

하지만 모든 구름은 찬란하게 빛나는 순간이 있죠. 해가 뜨거나 질 때
이 구름 캔버스는 황금색, 붉은색, 보라색으로 잠시나마 찬란하게 물들어요.
그러고는 다시 따분한 구름으로 돌아갑니다.

새털구름은 열 가지 주요 구름 중에서
가장 높은 곳에 있는 구름이에요.
비행기가 날아다니는 높이에서 지내죠.
이 구름은 높은 하늘의 강한 바람을 뚫고 떨어지는
얼음 결정으로 만들어진답니다.
마치 헝클어진 하얀 머리카락 다발을
수백 킬로미터에 걸쳐 빗어 넘긴 것처럼 보여요.

털쌘구름은 열 가지 주요 구름 중 제일 보기 드문 형태예요.
구름 덩어리가 너무 작아서 마치 하늘에 설탕을 뿌려놓은 것 같죠.

그리고 털쌘구름으로 오래 남아 있지도 않아요. 구름의 물방울들이
너무 차가워서 금방 얼어붙거든요. 그럼 그 얼음 결정이
긴 가닥이나 층을 이루면서 새털구름이나 털층구름으로 변합니다.
머무르는 것을 좋아하지 않는 구름이에요.

털층구름은 부끄럼 많고 내성적이고 조용한 구름이에요. 그래도 괜찮아요. 튀는 것을 좋아하는
잘난 구름만 있으란 법은 없잖아요. 하늘 높이 껴 있는 이 얼음 결정 층은 구름처럼 보이지도 않아요.
그냥 파란 하늘이 좀 하얘졌다 싶은 정도죠. 소란스러운 구름은 아니지만 그래도 엄연한 구름이에요.
대부분의 사람들은 털층구름이 끼었는지도 모르고 넘어가죠. 하지만 당신은 알아차릴 거예요.
당신은 특별하니까요.

비층구름은 하늘을 두껍게 뒤덮는 젖은 이불 같은 구름이에요.
별 특색 없이 어둡기만 한 이 구름은 계속해서 비를 내리거나 눈을 내리죠.
이 구름 때문에 괜히 다른 구름까지 함께 욕을 먹을 때가 많아요.
하지만 건조하기 그지없는 곳에 살고 있는 사람에게는 비층구름만큼
반가운 친구도 없을걸요?

쌘비구름은 구름계의 록스타예요. 세상을 깜짝 놀라게 하고 싶은 어린 구름이라면 너 나 할 것 없이 모두 쌘비구름이 되기를 꿈꾸죠. 쌘비구름은 구름 중에서 키가 제일 크고, 엄청난 비를 내려요. 우박을 내리기도 하고, 뽐내듯 번개와 천둥을 치기도 한답니다.

쌘비구름은 종종 꼭대기 부분이 거대한 버섯처럼 퍼져나가기도 해요.
멀리서 보면 아주 고요하고 평화로워 보이죠. 하지만 속지 마세요.
그 아래서는 미친 듯이 소나기가 퍼붓고, 바람이 울부짖고 있으니까요.
이 구름은 화가 잔뜩 난 어둡고 난폭한 구름이에요.

루크 하워드라는 약사는 구름을 정말 사랑해서
구름에 이름을 붙이는 체계를 고안했습니다.
1802년 겨울, 런던의 어느 눅눅한 밤에 열린
과학학회 토론에서 그는 구름에 '쿠물루스(쎈구름)',
'키루스(새털구름)', '스트라투스(층구름)' 같은
라틴어 이름을 붙여줘야 한다고 주장했어요.
식물과 동물에게도 라틴어 이름을 붙이는데
구름은 왜 안 되냐는 거였죠.

하워드는 청중에게 우리가 알아볼 수 있는 구름의 형태를 그림으로 보여주었어요.
물론 구름은 끊임없이 모양을 바꾸기 때문에 어떤 이름을 붙여도
그것은 다른 종류로 변하기 전 특정한 순간의 구름에만 해당하는 이름이에요.
그의 강연은 큰 성공을 거두었고, 하늘을 표현하는 새로운 언어가 생겼다는
소문이 돌기 시작했어요. 그리고 머지않아 많은 과학자, 화가, 시인이
하워드가 붙인 구름 이름을 사용하게 됐고, 시간이 흐르면서
그 체계에 더 많은 이름이 추가되었어요.
루크 하워드야말로 우리 구름관찰자들의 대부라 할 수 있죠!

복잡하고 어려운 이름은 그렇다 치고, 대체 구름은 무엇일까요?
구름은 물로 이루어져 있어요. 간단하죠? 사실 그렇게 간단하지는 않아요.

맑은 하늘에 둥실 떠 있는 쌘구름 같은 하층구름은 물방울로
이루어져 있어요. 이 물방울들은 지름이 약 100분의 1밀리미터에
불과할 만큼 작아서 일곱 개를 나란히 붙여놓아야
사람의 머리카락 굵기 정도가 돼요.

쌘구름은 얼마나 무거울까요?

보기엔 가벼워 보여도 그렇게 만만한 무게가 아니에요. 중간 크기의 쌘구름에 있는 물방울을 모두 합치면
코끼리 80마리 정도의 무게가 나오니까요. 물론 이 많은 물이 한 덩어리로 뭉쳐 있었다면 돌덩이처럼 하늘에서 떨어졌겠죠.
하지만 실제로는 그렇지 않아요. 쌘구름 각각의 물방울은 크기가 작아서 구름을 뚫고 솟아오르는 기류를 타고 쉽게 떠오르죠.
구름이 하늘에 머물 수 있는 이유는 크게 하나로 뭉치지 않고, 아주 작디작은 것들이 무리지어 있기 때문이에요.

하늘을 쓸고 가는 새털구름 같은 상층구름은
얼음 결정으로 이루어져 있어요.
이 결정은 구름 물방울보다는 크지만
그래도 지름이 1밀리미터가 안 돼요.
이 얼음 결정이 하늘에서 떨어지면서
성긴 줄무늬 모양의 구름을 만들어내죠.

구름이 물로 이루어졌어도 하얗게 보이는 이유는
수십억 개의 물방울이나 얼음 결정이 빛을
사방으로 반사하는데, 이렇게 산란한 빛이
우리 눈에는 하얗게 보이기 때문이에요.
눈이 하얗게 보이는 이유와 같답니다.

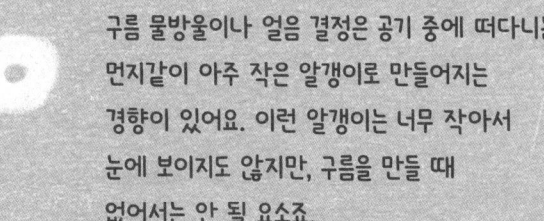
구름 물방울이나 얼음 결정은 공기 중에 떠다니는
먼지같이 아주 작은 알갱이로 만들어지는
경향이 있어요. 이런 알갱이는 너무 작아서
눈에 보이지도 않지만, 구름을 만들 때
없어서는 안 될 요소죠.

하늘에 있는 얼음 결정은 구름만큼이나 다양한 모양을 하고 있지만
대부분 한 가지 공통점이 있어요. 바로 '6'이라는 숫자예요.

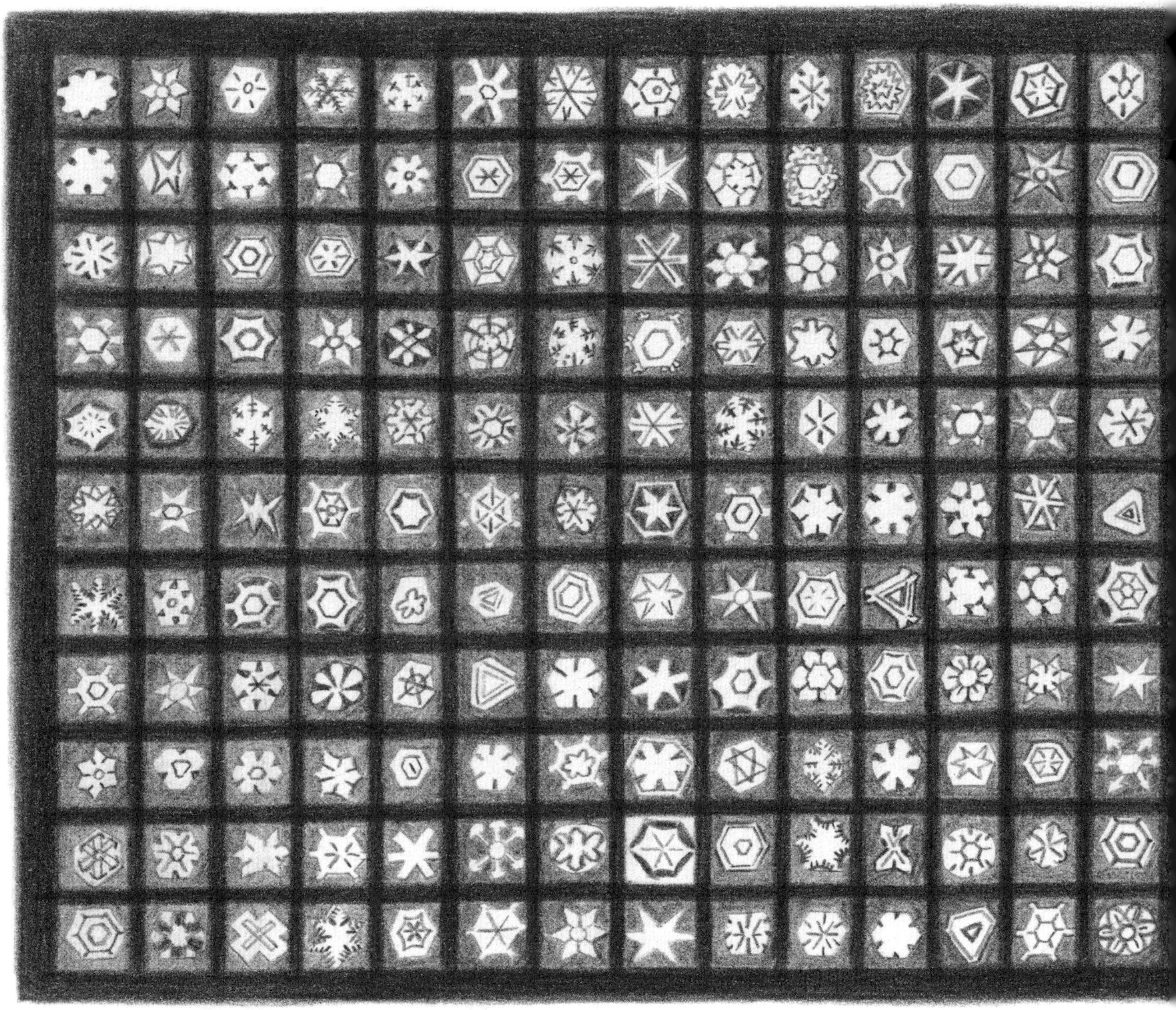

윌슨 벤틀리는 1880년에 맞이한 열다섯 번째 생일에
현미경을 선물 받았어요. 벤틀리는 버몬트의 가족 농장을 뒤덮은
눈 속의 작은 얼음 결정들을 현미경으로 들여다보면서
그 다양하고 아름다운 모습에 깜짝 놀랐어요.

구름 속에서 자라는 얼음 결정은 여섯 개의 면을 갖게 됩니다. 때로는 여섯 개의 가지가 뻗어나와 거기에 작고 섬세한 돌기가 돋기도 해요. 육각형 판, 혹은 깎지 않은 연필같이 육각기둥 모양일 때도 있어요. 육각형은 물을 이루는 가장 작은 물 분자들이 가장 쉽게 맞물릴 수 있는 형태예요.

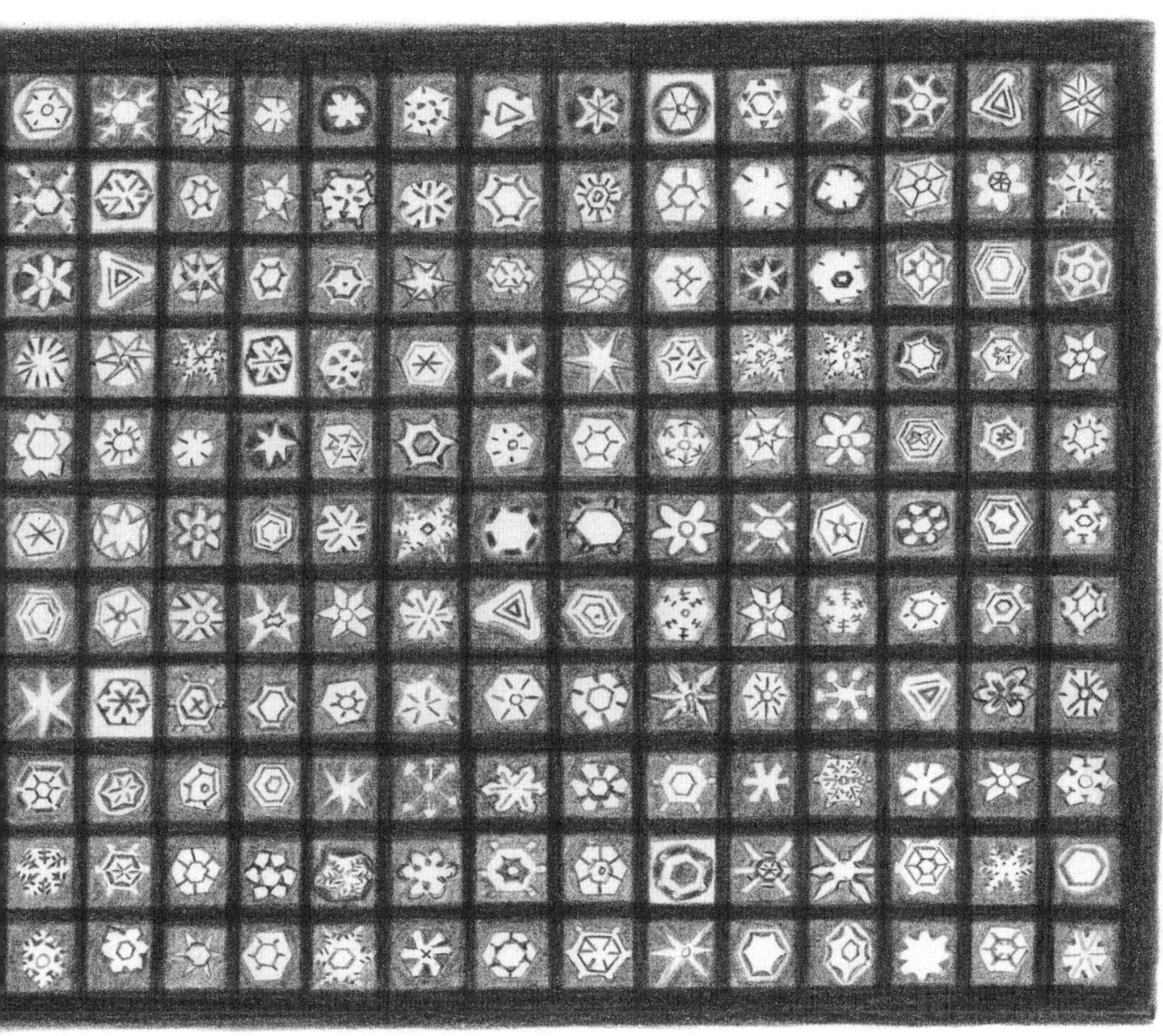

열아홉 살이 된 윌슨은 카메라를 샀어요. 주름상자, 유리 사진 건판, 삼각대가 달린 크고 거추장스러운 물건이었죠. 그다음에는 현미경으로 사진을 촬영하는 방법, 차가운 벨벳 위에 떨어진 얼음 결정을 칠면조 깃털을 이용해서 차가운 유리 슬라이드로 옮기는 방법을 알아냈어요. '눈송이 벤틀리'라는 별명을 얻은 그는 평생 5000장이 넘는 얼음 결정 사진을 촬영했답니다.

구름은 크게 자랄수록 비, 눈, 우박을 내릴 가능성이 높아져요.

키가 큰 구름은 위쪽이 더 차가워서 꼭대기의 물방울이 얼기 쉽고, 얼어붙은 물방울은 떨어지기 때문이에요.
이 얼음은 따뜻한 아래쪽 공기를 통과하면서 다시 녹는 경우가 많아요. 그렇게 얼음이 다시 액체로 변해서
물방울로 땅에 떨어지죠. 이 작은 물방울들도 무엇이 되고 싶은지 도통 마음을 종잡을 수 없나봐요.

구름의 키가 커지면서 그 추운 꼭대기에 있는 물방울 중 일부가 얼기 시작해요. 이 얼음 결정들은
이웃 물방울보다 물 분자를 더 단단히 붙잡아두기 때문에 물방울이 줄어들면서 얼음 결정이 자라납니다.
수많았던 작고 가벼운 물방울이 머지않아 수는 더 적고 크기는 더 큰 얼음 결정으로 변하죠.
이제 이 얼음 결정들이 충분히 무거워져서 떨어지기 시작합니다.

때때로 아래쪽 공기가 충분히 따듯하고 건조한 경우에는 구름에서 떨어지던 얼음 결정들이 땅에 닿기도 전에 증발해서 사라져버려요. 이것을 멀리서 바라보면 구름에 물결 모양의 흔적이 매달려 있는 것 같아요. 꼬리구름이라고 하는데, 이를 하늘의 해파리라고 부를 수도 있겠네요.

강력한 폭풍우를 일으키는 쌘비구름의 심장부에서는 거대한 회전식 건조기처럼 기류가 오르락내리락하면서 물방울과 얼음 결정을 휘젓고 있어요. 이런 난기류가 **우박, 천둥, 번개**를 일으키기도 하죠.

바람 방향

바람 방향

찬 공기

얼음 알갱이가 떨어지는 동안에 물로 뒤덮이면 우박이 돼요. 그렇게 떨어지다가도 다시 구름 속 상승기류에 휘말려 올라가 더 꽁꽁 얼기도 하죠. 이렇게 상승과 하강을 거듭하다 보면 우박에 얼음이 층층이 쌓이고, 얼음 알갱이는 점점 더 커져요.

강수

폭풍 구름 안에서는 얼음 결정들이 거친 기류에 날리면서
서로 부딪히고 있어요. 우박과 얼음 결정이 충돌할 때마다
큰 얼음 알갱이가 작은 얼음 알갱이로부터 음전하를 빼앗아오죠.
그래서 작은 얼음 알갱이는 양전하를 띠게 됩니다.
이 전하는 우리가 풍선을 문지를 때 느끼는 것과 비슷해요.

모루구름

따뜻하고 습한 공기

더 크고 무거워진 얼음 알갱이는 구름의 상승기류를 뚫고
구름 밑면을 향해 떨어지지만, 작고 가벼운 얼음 결정들은
바람에 휩쓸려 다시 꼭대기를 향해 떠올라요. 그럼 쌘비구름이
음전하를 띤 부분과 양전하를 띤 부분으로 나뉘게 되죠.

결국 번개의 형태로 거대한 전류가 번쩍하고 하늘을 가르면서
전하를 다시 균등하게 나눠요. 번개가 칠 때마다 그 주변 공기가
태양의 표면보다도 뜨거워져 폭발적으로 팽창합니다.
거기서 천둥의 찢어질 듯한 굉음이 들리는 거죠.

구름은 커지는 과정에서 어떤 패턴이나 모양을 만들어내는 경우가 많아요.
먼 곳에서부터 부채꼴로 퍼지는 것처럼 보이는 이 방사구름처럼 말이죠.

이렇게 하면 구름도 구름들의 무리 속에서 돋보일 수 있죠.

특별한 구름

구멍구름

비행운

명주실구름

말굽꼴 소용돌이 구름

꼬리구름

벽구름

아치구름

토네이도

볼루투스(두루마리구름)

가끔은 이 높쌘구름 같은 구름이
　　　바닷가로 밀려오는 파도처럼
　　　　　줄줄이 늘어서기도 해요.　　　　이런 패턴의 구름을 **파도구름**이라고 하죠.
　　　　　　　　　　　　　　　　하늘에서는 이것 말고도 여러 가지 방식으로
　　　　　　　　　　　　　　　　　　　　　　　파도가 나타나요.

가끔은 이 높쌘구름 같은 구름이

지구의 대기를 공기의 바다로 생각할 수 있어요.

대기는 소금물 대신 기체로 이루어졌지만 그래도 그 속에는 파도가 치고 있죠.
대부분은 눈에 보이지 않아요. 하지만 그 근처에 구름이 있다면 파도의 모습이 드러나기도 합니다.

이것은 **거친물결구름**이라는 구름 패턴이에요. 이 일렁이는 뚜렷한 파도 형태를 처음 발견한 것은
우리 구름감상협회 회원들이에요. 우리는 이 구름에 공식적으로 이름을 붙여야 한다고 주장했어요.
2017년 세계기상기구도 여기에 동의해서 54년 만에 처음으로
거친물결구름이라는 새로운 구름 이름이 탄생했어요.

때로는 구름의 꼭대기 부분이 둥글게 말리면서 마치 부서지는 파도처럼 보일 때가 있어요.
물결구름이라고 하는 이 형태는 구름 위에서 부는 바람이 구름 아래에 부는 바람보다 훨씬 빠를 때 만들어져요.
잠깐 있다가 사라지는 보기 드문 구름이에요. 이 구름을 찾고 싶다면 정신을 바짝 차려야 해요.
물결구름은 겨우 2~3분 정도 나타났다가 바람에 그 형태가 금세 무너져버리니까요.

봄이면 호주 퀸즐랜드 연안에서 거대한 **두루마리구름**이 자주 나타나요. 아주 규칙적으로 찾아오는 구름이라서 현지인들이 이 구름을 부르는 이름이 따로 있답니다. 바로 '모닝글로리'예요.

짜릿함을 찾는 구름관찰자에게는
모닝글로리 서핑만큼
스릴 넘치는 것도 없죠.

하지만 잠깐! 두루마리구름이 뭘까요? 이 구름의 공식 명칭은 **볼루투스**예요. 마치 긴 튜브처럼 생겼죠. 보통은 지평선 이쪽 끝에서 저쪽 끝까지 낮고 넓게 펼쳐져 있어요. 이 구름은 단거리 달리기 챔피언만큼 빠른 속도로 움직이는, 보이지 않는 공기 파도 한가운데서 만들어져요. 이 공기 파도가 구름의 앞쪽에서는 떠오르고 뒤쪽에서는 가라앉죠. 활공기 조종사들은 파도타기를 즐기는 단골 서퍼들처럼 때가 되면 이 거대한 볼루투스를 타려고 수천 킬로미터를 건너와요.

구름은 산을 사랑해요. 그리고 산도 구름을 사랑하죠.
어쩜 서로 달라도 이렇게 다를까 싶지만 그래도 함께 어울리는 시간이 많아요.
바람이 산을 넘으려고 경사면을 타고 오를 때 공기가 식으면서 구름이 만들어집니다.

렌즈구름은 산이나 언덕 근처에 머물러 있어요. 원반처럼 생긴 경우가 많아서 마치 비행접시처럼 보이죠. 신기하게도 바람이 아주 강하게 불 때도 렌즈구름은 마법처럼 제자리를 지키곤 해요. 구름 속 물방울들은 바람에 날아가지만, 물방울이 일정한 자리에서 만들어지고, 그 자리에서 증발해서 사라지기 때문에 구름 자체는 같은 자리에 머물러 있는 것처럼 보여요. 하기야 괜히 비행접시구름이라고 부르겠어요?

바람이 언덕이나 산을 타고 넘어가면서 생기는 구름이 늘 정상에 머무는 건 아니에요.
자기를 만들어낸 산꼭대기에서 바람을 따라 수 킬로미터 떨어진 곳에 생기거나
그 아래 계곡에 모여 있을 수도 있어요.

모자구름은 산이 머리에 쓴
매끄러운 모자처럼 생겼어요.
산꼭대기를 보이지 않게 가리는 경우가 많아요.

깃발구름은 산꼭대기에 달라붙어 있는 것처럼 보여요.
이 구름은 강한 바람이 불 때 뾰족한 산의 정상
뒤쪽에서 생겨나서 슬로 모션으로 움직이는
거대한 깃발처럼 펄럭거려요.

겹렌즈구름은 구름 원반이
팬케이크처럼 겹겹이 쌓여 있는 모습이에요.
아침에 눈을 뜨자마자 이 구름을 보면 구름 팬케이크에
아침 햇살 꿀이 잔뜩 뿌려져 있을 거예요.

골안개는 맑은 밤에, 특히 비가 내린 후에
공기가 차가워지면서 산 사면을 타고 내려와
그 아래 계곡에 모일 때 만들어져요.

하늘을 가로지르는 긴 줄무늬 모양으로 구름이 생기기도 해요.
이런 형태는 새털구름과 털층구름 같은 상층구름 속의 얼음 결정들이
속도가 점차 느려지는 바람을 뚫고 떨어질 때 생깁니다.

이런 무늬의 구름을 **명주실구름**이라고 해요.
마치 구름이 바람으로 머리카락을 단정하게 빗어서 정리하고
세상을 만날 준비를 하는 것 같아요.

비행운은 인공 구름이에요.
높이 나는 비행기 뒤로 선을 그은 듯 길게 생겨나죠.

제트엔진의 뜨거운 배기가스에 들어 있는 수증기가
비행기 뒤의 공기를 만나 차가워지면서 구름의 물방울로
응결돼요. 주변 공기가 충분히 차갑고 습하면 그 물방울이
구름의 흔적으로 남죠. 어떤 날은 이 물방울이 얼어서
옆으로 퍼져나가 십자형의 넓은 얼음 결정 띠를
만들기도 합니다. 어떤 날은 공기가 너무 건조해서
비행운이 아예 안 만들어지기도 하죠. 우리가 비행기를
띄우기 전에는 비행운이 존재하지 않았어요.
아마 우리가 화석연료를 태우지 않고 나는 방법을
알아낸다면 미래에는 비행운을 볼 수 없을 거예요.

구름 위쪽의 차가운 공기가 군데군데 가라앉으면 벌집구름이라는 구멍 패턴이 만들어져요.
이 구멍 난 부위들은 차가운 공기가 가라앉는 곳이죠. 그리고 구멍의 주변 가장자리로
그물처럼 만들어지는 구름은 찬 공기의 빈자리를 채우기 위해 따듯한 공기가 솟아오르는 곳이에요.
이 구름은 하늘의 벌집이죠. 냠냠 맛있겠다!

구멍구름은 구름층에서 나타나는 커다란 구멍이에요. 물방울들이 얼어서 얼음 결정으로 떨어지기 시작하면 이런 구멍이 생기죠. 물방울이 한번 얼기 시작하면 바깥으로 퍼져나가요. 그렇게 30분 정도에 걸쳐서 구멍이 점점 커져요. 낡은 털스웨터 팔꿈치에 난 구멍처럼 말이죠. 때로는 그 구멍에서 얼음 결정이 떨어지면서 줄무늬 흔적을 만들기도 해요. 분명히 털스웨터에서 풀려나온 실의 가닥들일 거예요.

쌘비구름은 구름계의 록스타이기 때문에 어디를 가든 따라다니는 구름이 많아요.

예를 들면 아치구름은 폭풍의 앞 범퍼 같은 존재죠. 폭풍이 당신을 향해 다가올 때 그 앞에 낮게 튀어나와 있는 선반 같은 구름이에요.
아치구름의 낮고 길게 튀어나온 능선이 보이면 서둘러 피해야 해요!

웅장한 쌘비구름과 함께 어울려 다니는 무리를 알고 싶으면
먼저 어디를 봐야 찾을 수 있는지 알아야 해요.
각자 자기만의 특별한 장소가 있거든요.

유방구름은 구름층의 아랫면에 매달려 있는 구름 주머니예요.
가장 극적인 모양의 유방구름은 거대한 폭풍우 구름의 꼭대기가
옆으로 퍼져나갈 때 그 아래서 나타나죠.

삿갓구름은 폭풍우 구름이 하늘을 뚫고 솟아오를 때
그 위에 몇 분 정도 나타나는 매끈한 모자 모양의 구름이에요.
하지만 폭풍우 구름이 솟아오르면서 순식간에 그 구름을 삼켜버리죠.

벽구름은 폭풍우 구름의 어두운 밑면에서 아래로 넓게 튀어나온 기둥 같은 구름이에요.
공기가 폭풍우 속으로 빨려 들어가는 곳에서 나타나죠.
토네이도가 태어나는 장소가 바로 여기랍니다.

쌘비구름으로 빨려 들어가는 공기가 회전하기 시작하면 **토네이도**가 만들어질 수 있어요.
욕조 구멍으로 소용돌이치며 빨려 들어가는 물처럼 토네이도도 점점 더 빠르게 돌죠. 다만 토네이도는
아래쪽이 아니라 위쪽으로 소용돌이치고, 물이 아니라 공기예요. 그리고 집 지붕을 뜯어낼 수 있을 정도로 강력하죠.
어떤 토네이도는 물, 먼지, 쓰레기들을 구름이 있는 곳까지 빨아올리기도 해요.

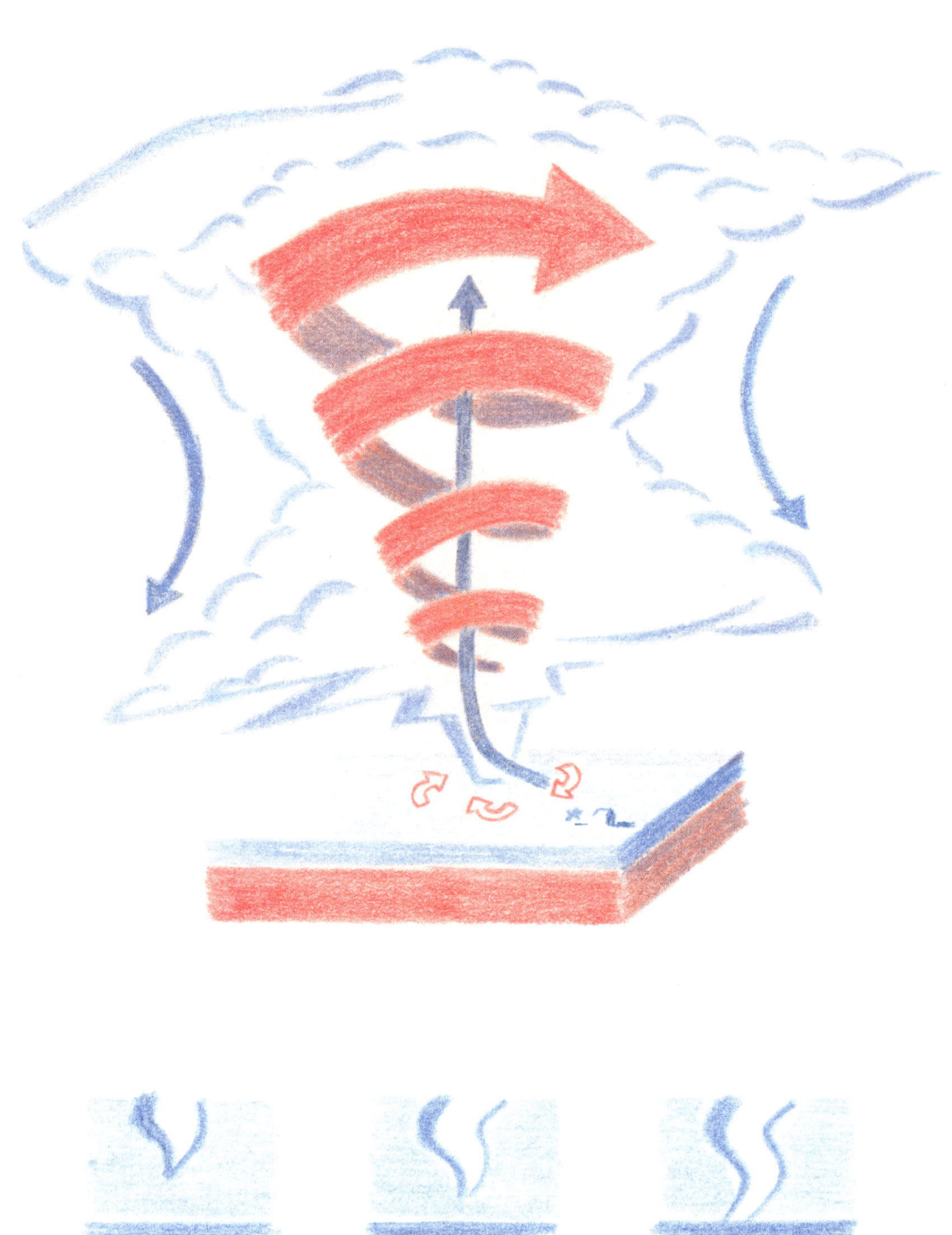

깔때기구름은 토네이도가 생길 거라는 첫 번째 징조예요.
폭풍의 밑면에서 소용돌이치며 아래로 뻗어나가는 깔때기처럼 생겼죠.

빙글빙글 도는 공기 속에서는 부드러운 소용돌이부터 치명적인 토네이도에 이르기까지 온갖 형태의 구름이 만들어질 수 있어요.

말굽꼴 소용돌이 구름

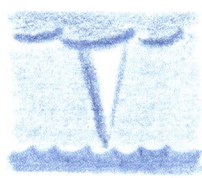
바다 용오름

먼지회오리

밧줄

바늘

철사

V 모양

궐련

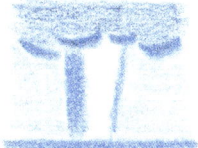
원기둥

원뿔

육지 용오름

오목형

일자형

볼록형

마디형

원뿔대

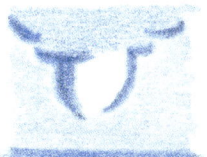
전구

모래시계

고리 / 반지 / 매듭

구름이 재미있게 놀고 있나봐요! 하지만 구름이 햇빛과 놀기 시작할 때부터가 진짜예요.
구름 속의 물방울이나 얼음 결정 혹은 소나기의 빗방울이 자신들을 통과해 들어오는 빛을
반사하거나 구부리기 시작하면 구름이 반지, 점, 원호 모양을 만들어낼 준비가 된 거죠.
어쩌면 꽃구름(채운)이라는 화려한 물결 모양 띠를 뽐낼지도 몰라요.

짜잔! 다채로운 색상의 휘황찬란한 무지개, 무리, 불빛 쇼의 세계에 오신 것을 환영합니다!

무지개, 무리, 불빛 쇼

무지개에 대해서는 누구나 잘 알죠. 구름에서 나타나는 광학효과 중 제일 유명하니까요. 무지개를 한 번도 못 봤다고요? 대체 어디 숨어 있었던 거죠?

이 무지갯빛 원호는 뒤에서 오는 햇빛이 앞에서 내리는 소나기를 직접 비출 때 나타나요. 빗방울 속으로 들어간 빛은 빗방울 뒷면 안쪽에서 반사되어 나오죠. 이렇게 빛이 물방울 속으로 들어갔다가 나오면서 여러 다양한 색으로 나뉩니다.

2차무지개는 빛이 빗방울 뒤쪽 두 곳에서 반사되어 나올 때 1차무지개 바깥쪽에 나타나요.

안개무지개는 안개 속 작은 물방울을 비추는 빛에 의해 만들어지고 완전히 하얗게 보일 수 있어요. 무지개의 유령이죠.

낮은무지개는 당신 뒤로 뜬 태양의 고도가 높아서 땅 위로 무지개의 꼭대기 부분만 보이는 거예요.

과잉무지개는 1차무지개의 안쪽 가장자리를 따라 생겨난 작은 선이에요. 빗방울 크기가 작을 때 나타나죠.

반사무지개는 삐딱한 각도를 하고 있어요. 잔잔한 물에 반사되어 나온 햇빛이 소나기를 비출 때 만들어지죠.

그림자광륜은 당신의 그림자가 아래쪽 구름이나 안개 위로 드리울 때 그 주위에 반지처럼 나타나는 무지갯빛이에요.

어떤 구름은 햇빛이나 달빛이 그 구름을 관통할 때 색을 띠기도 해요.
이 섬세한 파스텔 색조를 꽃구름이라고 하는데 물방울이 정말 작고 모두 비슷한 크기일 때 생겨요.
빛이 구름의 얇은 가장자리를 관통할 때 이런 색이 보이기도 해요.

태양이나 달을 중심으로 둥근 반지 모양으로 꽃구름이 생긴 것을 **광환**이라고 해요.
꽃구름이나 광환을 찾을 때는 조심하세요.
얇은 구름을 뚫고 비치는 강한 햇빛에 눈이 상할 수 있으니까요.
아무리 아름다운 꽃구름이 있어도 태양을 직접 쳐다보면 절대 안 돼요.

상층구름 속에 들어 있는 얼음 결정도 반지 모양의 빛깔을 만들 수 있어요.
결정이 육각형 판이나 육각기둥처럼 단순한 모양으로 만들어져 있고
유리처럼 맑으면 이 작은 결정들이 햇빛을 구부리고 쪼개서
밝은 반지, 점, 원호를 만들 수 있어요. 이런 것을 무리 현상이라고 하죠.

제일 찾기 쉬운 것은 22도 무리예요. 이것은 완벽하게 동그란 빛인데,
태양이나 달을 중심으로 하늘에 훌라후프가 떠 있는 것처럼 보여요.
빛이 새털구름과 털층구름 같은 상층구름의 얼음 결정을 뚫고 빛날 때 만들어지죠.

하늘에 떠 있는 얼음 결정들이 특히나 순수하고 형태도 규칙적인 경우에는 온갖 다양한 무리 현상이 함께 나타날 수 있어요.
그 최고의 공연을 보고 싶으면 북극이나 남극으로 가야 해요. 아니면 스키장 근처를 찾아가거나요.
눈 만드는 기계에서 나오는 순수한 얼음 결정 역시 훌륭한 광학효과를 만들어내거든요.

천정호

외상방호

상단접호

22도 무리

해기둥

무리해　　　　　　　　　　　무리해테　　　　　　　무리해

천정호는 하늘의 미소 같아요. 해가 낮게 떴을 때 하늘의 저 위쪽에 나타나죠.
그래서 대부분의 사람은 한 번도 본 적이 없을 거예요.
구름관찰자가 아니면 머리 위를 똑바로 올려다볼 생각을 좀처럼 하지 않으니까요.

무리해는 태양이 하늘에 낮게 떠 있을 때 그 양쪽에 나타나는 밝은 빛의 점이에요.
22도 무리와 함께 나타날 때도 있어요. 무리해가 보이면 항상 바로 위쪽을 확인해보세요.
천정호도 거기에 숨었을 수 있으니까요.

수평호는 태양보다 한참 아래 지평선 근처에서 나타나는 평평한 색 띠예요.
태양이 하늘에 아주 높이 떠 있어야 만들어지기 때문에
세계 여러 지역에서는 한여름 한낮에만 볼 수 있어요.

구름은 하루가 시작될 때와 끝날 때 색을 바꿔 입어요. 태양이 지평선 근처에서
빛날 때는 낮게 깔려 있는 밀도 높은 공기를 햇빛이 길게 뚫고 들어와야 하죠.
그 여정에서 파장이 짧은 파란빛은 공기 중의 기체와 먼지 입자에 의해 걸러지고
파장이 긴 붉은빛과 주황빛만 남아 구름을 따듯한 황금빛으로 물들이는 거예요.

한낮에는 하늘이 파랗게 보여요. 태양에서 멀리 떨어진 각도에서는
대기 중의 기체와 입자에 의해 산란된 빛이 우리를 향해 날아와요.
파장이 짧은 파란빛을 더 많이 산란시키기 때문에
그 색이 우리 눈에 보이는 하늘색이 된 거죠.

구름이 정말 자기를 과시하고 싶을 때는 **부챗살빛**이라는 극적인 햇살로 장관을 만들어요. 그러려면 실안개가 낀 대기의 도움이 필요하죠. 실안개가 햇빛을 붙잡아 빛살이 구름 틈새를 뚫고 들어오는 곳이 어딘지 드러내줘야 하거든요. 태양이 낮게 떠서 당신의 뒤쪽이나 앞쪽에서 비칠 때는 이 햇살이 부채꼴로 퍼지는 것처럼 보여요.

당신의 구름이 지구 너머까지 유명해지고 싶은 꿈을 꾼다고요?

하늘 꼭대기처럼 높은 구름, 심지어 우주의 구름이 되고 싶어 한다고요?

꿈을 꾸는 것은 잘못이 아니죠. 특히 구름이 꾸는 꿈이라면요.

우주에서 보면 우리 행성의 67퍼센트 정도는 구름으로 덮여 있어요.

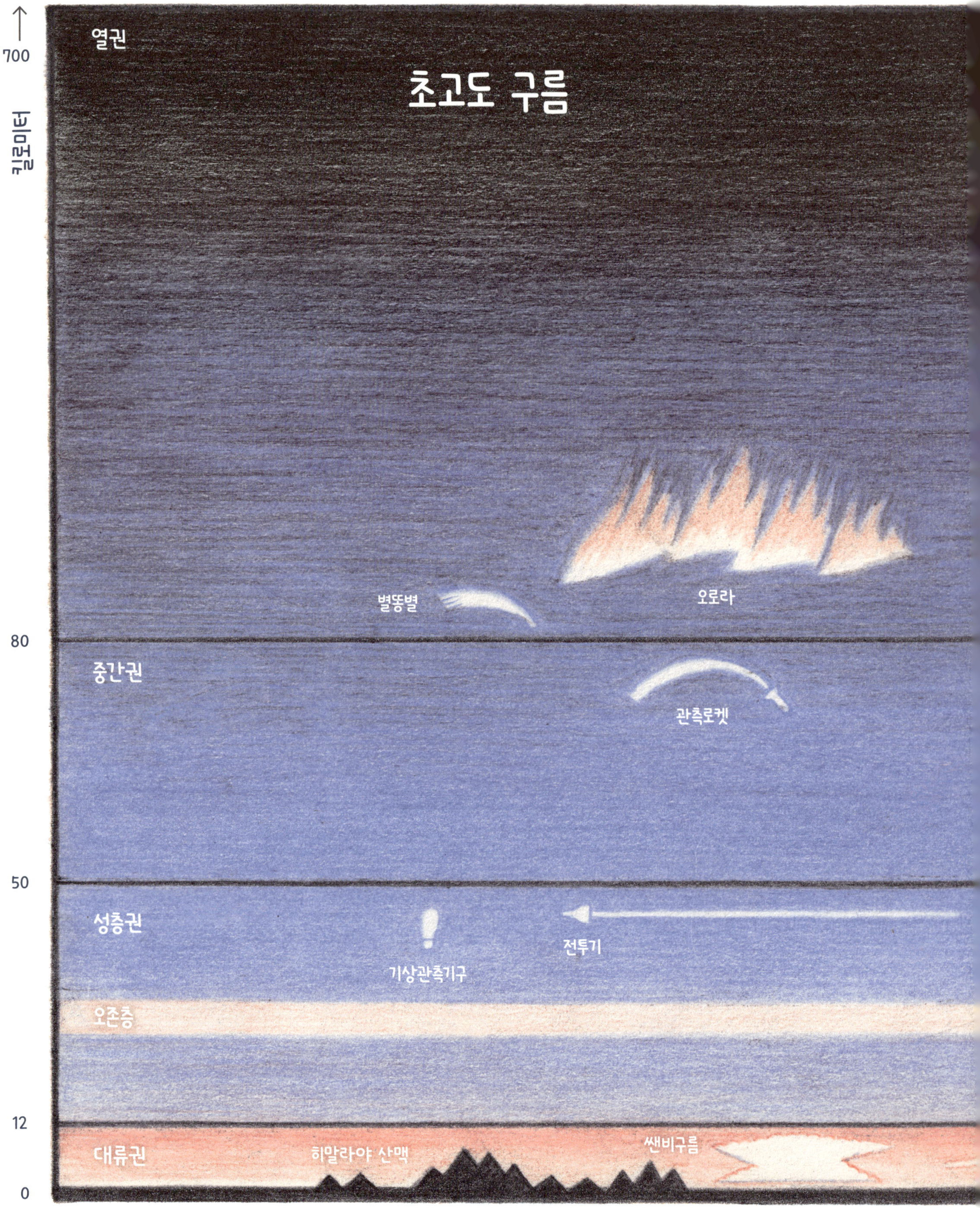

700 ↑
킬로미터

열권

초고도 구름

오로라

별똥별

80

중간권

관측로켓

50

성층권

기상관측기구   전투기

오존층

12

대류권   히말라야 산맥   쌘비구름

0

80킬로미터 높이에 떠 있는 **야광구름**은 대기권에서 가장 높은 구름이에요. 이 구름은 여름철 밤에만 볼 수 있어요. 별이 빛나는 밤하늘에 마치 유령 같은 푸르스름한 잔물결로 보이죠. 이 구름의 얼음 결정은 워낙 높은 곳에 떠 있어서 그 아래 대기가 어두워졌을 때도 햇빛을 받을 수 있어요.

자개구름은 약 16킬로미터에서 24킬로미터의 고도에서 만들어져요.
하루가 시작되거나 끝날 무렵에 햇빛이 구름을 통과하면서
밝은 무지갯빛 색깔을 보여줄 수 있죠. 야광구름처럼 이 구름도
극지방 쪽에서 만들어지는데, 야광구름과 달리 한겨울에 나타나요.

구름을 우주에서 내려다보면 땅에서는 보이지 않는 거대한 패턴이 드러나요.
이렇게 높은 곳에서 보아야 비로소 폭풍우 쌘비구름들이 힘을 합치며 거대한 소용돌이의
폭풍계를 만드는 것이 눈에 보이죠. 이 폭풍계가 사이클론, 태풍, 허리케인 같은 열대성 저기압으로 자라나요.

산이 솟아 있는 섬 위로 바닷바람이 불면 커다란 회오리가 일면서
카르만 소용돌이 행렬이라는 나선형 구름이 만들어질 수 있어요.
이것은 길이가 수백 킬로미터를 넘을 정도로 아주 거대해서
물 위에 뜬 배 위에서 보아서는 그 존재를 알아차릴 수 없어요.

1960년대 초기 인공위성 사진에서 거대한 별 모양의 구름이 발견되면서
아래서 보아서는 알아차릴 수 없을 정도로 정말 큰 또 다른 구름 패턴이 밝혀졌죠.
이 구름을 **방사형구름**이라고 부르게 됐어요.
대체 어떻게 이런 패턴이 등장하는지는 여전히 미스터리죠.

수성은 태양과 가장 가까운 행성인데, 대기가 없어요. 대기가 없으니 구름도 없죠. 간단합니다.

금성은 태양열을 가두는 밀도 높은 대기가 있어서 태양계 모든 행성 중 표면이 제일 뜨거워요. 금성은 황산 방울로 이루어진 두터운 노란색 구름으로 덮여 있어요. 멋지죠?

목성은 암모니아 얼음 결정으로 된 구름이 있고 그 아래로는 물 얼음 구름이 있어요. 이 구름들이 띠를 이루어 거대한 소용돌이 폭풍을 일으키며 행성을 휩쓸고 다니죠.

토성은 목성의 것과 다소 비슷한 구름 띠를 갖고 있어요. 토성의 북극에 있는 구름은 거대한 육각형 모양을 하고 있죠. 왜 그럼냐고요? 그건 아무도 몰라요.

우리가 아는 행성 중에 물이 수증기, 물방울, 얼음 결정 사이를 쉽게 오갈 수 있는 행성은 지구밖에 없어요. 수증기는 눈에 안 보이고 물방울과 얼음 결정은 구름으로 보이기 때문에 지구에서는 맑은 하늘과 구름의 완벽한 조합이 가능하죠.

화성의 대기는 지구보다 훨씬 희박해요. 구름도 우리네 새털구름을 닮은 것만 조금 있어요. 그중에는 우리 구름처럼 물방울이 얼어서 생긴 것도 있겠지만, 아마 이산화탄소가 얼어서 생긴 것도 있을 거예요.

천왕성은 창백한 청록색의 실안개로 덮여 있어요. 천왕성의 낮은 구름들은 물 얼음으로 만들어졌을 가능성이 높아요. 높은 구름들은 얼어붙은 메탄 결정일 가능성이 높고요.

해왕성은 태양에서 가장 멀리 떨어진 행성이에요. 태양의 활동성이 높고 낮아짐에 따라 변화하는 듯 보이는 하얀 줄무늬 구름을 갖고 있죠. 현재는 해왕성의 구름이 사라지는 중이에요. 그 이유는 아무도 몰라요.

지구에 구름이 없다면 우리는 어떻게 될까요?

구름은 물을 정화하고, 바다의 소금물을 호수와 강의 민물로 바꿔줍니다.
대기에 낀 먼지를 비로 씻어서 대기를 깨끗하게 청소하기도 해요.
구름은 가두는 열보다 반사하는 열이 더 많기 때문에 지구를 식히는
역할도 하죠. 그리고 매일 아침 당신이 커튼을 열 때마다
늘 전에 없던 새로운 하늘을 보여주죠.

그 구름을 찾아낸 유일한 사람이 당신일지도 몰라요.

당신의 구름이 자라서 무엇이 되었든
지금은 사라졌을 거예요. 어떤 구름도 영원하지는 않으니까요.
하지만 정말로 죽어서 사라지는 구름은 없어요.
그 속의 물방울이나 얼음 결정은 우리 눈에
보이지 않는 물인 수증기로 다시 변한 것뿐이니까요.

한 가지는 분명해요. 하늘은 항상 변한다는 거죠.
그러니 당신의 구름도 다시 돌아올 거예요.
하지만 다음에는 다른 모습으로 찾아오겠죠.
모든 구름은 세상에 하나밖에 없으니까요.

구름에서 무언가 특별한 것이 보이면 주의를 기울이세요.
놓치지 마세요. 어떤 구름도 완전히 똑같지 않을 테니까요.
그 구름을 찾아낸 유일한 사람이 당신일지도 몰라요.

구름관찰자를 위한 용어집

 쌘구름(적운)Cumulus
 층쌘구름(층적운)Stratocumulus
 층구름(층운)Stratus
 높쌘구름(고적운)Altocumulus

 높층구름(고층운)Altostratus
 새털구름(권운)Cirrus
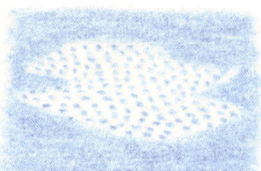 털쌘구름(권적운)Cirrocumulus
 털층구름(권층운)Cirrostratus

 비층구름(난층운)Nimbostratus
 쌘비구름(적란운)Cumulonimbus
 꼬리구름Virga
 번개Lightning

 방사구름Radiatus
 파도구름Undulatus
 거친물결구름Asperitas
 물결구름Fluctus

 볼루투스(두루마리구름)Volutus
 렌즈구름Lenticularis
 겹렌즈구름Stacked lenticularis
 깃발구름Banner cloud

 모자구름Cap cloud
 골안개Valley fog
 명주실구름Fibratus
 비행운Contrail

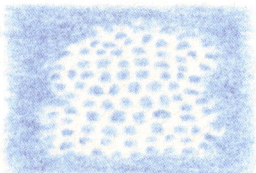 벌집구름Lacunosus
 구멍구름Cavum
 아치구름Arcus
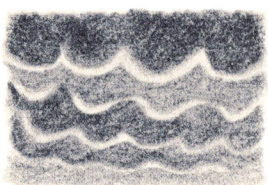 유방구름Mamma

삿갓구름 Pileus	벽구름 Murus	토네이도 Tornado	말굽꼴 소용돌이 구름 Horseshoe vortex
꽃구름(채운) Cloud iridescence	무지개 Rainbow	2차무지개 Secondary rainbow	안개무지개 Fog bow
낮은무지개 Low rainbow	과잉무지개 Supernumerary bows	반사무지개 Reflection bows	그림자광륜 Glory
광환 Corona	22도 무리 22-degree halo	무리해테 Parhelic circle	해기둥 Sun pillar
무리해 Sun dogs	상단접호 Upper tangent arc	외상방호 Supralateral arc	천정호 Circumzenithal arc
수평호 Circumhorizontal arc	부챗살빛 Crepuscular rays	야광구름 Noctilucent	자개구름 Nacreous
폭풍계 Storm systems	카르만 소용돌이 행렬 Von Kármán vortex	방사형구름 Actinoform	토성의 육각형 Saturn's Hexagon

개빈 프레터피니가 플로라와 베리티에게 이 책을 바칩니다.
윌리엄 그릴이 페니에게 이 책을 바칩니다.

리처드 앳킨슨, 샘 풀턴, 매튜 왓슨 영, 이모젠 스콧, 피터 포시, 매튜 허친슨, 바이올렛 장, 닐 더니클리프, 그리고 우리의 구름 과학을 확인하고 수정해준 레딩대학교 기상학과의 자일스 해리슨 교수에게 감사드립니다.